国防科技战略先导计划支持

付强·湘江北去团队 / 著

国防电子信息基地作品

由表及里
看导弹

U0150171

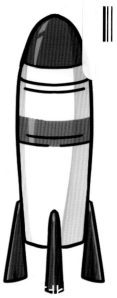

电子工业出版社·
Publishing House of Electronics Industry
北京·BEIJING

图书在版编目（CIP）数据

由表及里看导弹 / 付强·湘江北去团队著 . —— 北京：
电子工业出版社 , 2023.5

ISBN 978-7-121-45584-1

Ⅰ . ①由… Ⅱ . ①付… Ⅲ . ①导弹 – 普及读物 Ⅳ . ① TJ76-49

中国国家版本馆 CIP 数据核字 (2023) 第 084042 号

责任编辑：张正梅

印　　刷：中国电影出版社印刷厂

装　　订：中国电影出版社印刷厂

出版发行：电子工业出版社

　　　　　北京市海淀区万寿路173信箱　　邮编：100036

开　　本：720×1000　1/16　印张：10　　字数：73.6千字

版　　次：2023年5月第1版

印　　次：2023年5月第1次印刷

定　　价：77.00元

凡所购买电子工业出版社图书有缺损问题，请向购买书店调换。若书店售缺，请与本社
发行部联系，联系及邮购电话：（010）88254888，88258888。

质量投诉请发邮件至zlts@phei.com.cn，盗版侵权举报请发邮件至dbqq@phei.com.cn。

本书咨询联系方式：（010）88254757；zhangzm@phei.com.cn。

作者简介

付 强

国防科技大学教授、博士生导师，中央军委装备发展部跨行业专业组专家，中国国防科学技术信息学会常务理事。长期从事军事科研与教学工作，曾荣获国家科技进步二等奖 4 项、军队院校教学成果一等奖 1 项。主编 MOOC 教材《导弹与制导》，2021 年获评首届全国教材建设奖；主编"精确制导技术应用丛书"（全套 7 本），首版公开发行量近 18 万册，获评科技部 2016 年全国优秀科普作品；主讲中国大学精品视频公开课"精确制导新讲"（教育部"爱课程"平台）；主讲首批国家级一流本科 MOOC "精确制导器术道"（清华大学"学堂在线"）。

湘江北去团队

科研教学	+	科普活动	+	融媒创作	
朱永锋 宋志勇		张郴平 虞武华		湘水余波	兔街子
蒋彦雯 傅瑞罡		陈路辉 曹务绅		Moly	彭韵潼
达 凯 杨 烨		鲁 幸 康亚瑜		邓 迪	姚 远
		杨 柳 李艳霞			

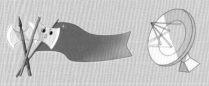

大自然不总是风和日丽、鸟语花香，

人类社会不总是温情脉脉、其乐融融，

文明在烽火硝烟中艰难行进，

世界和平需要捍卫，保卫祖国需要强大的国防力量。

从石头、木棍到今天的导弹，武器进化史也是科技进步史。

钱学森爷爷等"两弹一星"元勋们付出毕生心血，让我们具备保卫世界和平、保卫国家主权和人民幸福的信心与实力。

科技创新与科学普及是实现创新发展的两翼，要把科学普及放在与科技创新同等重要的位置。

精确制导三部曲，国防科普进校园。国防科技大学"科普中国"共建基地，为普及"精确制导武器技术"知识，特别设计创制了这套融媒体丛书。

《由表及里看导弹》是三部曲中的第一部。

在这里，导弹很"捣蛋"，像孙悟空七十二变。

一会儿，导弹化身"新生宝宝"，有五花八门的"绰号"，有中规中矩的"学名"；一会儿，导弹大家族成员齐聚武林大会，展示各自功夫；一会儿，导弹静卧"手术台"上，接受"解剖"，我们可以先知其表，再知其里。

在这里，导弹"给你好看"！漫画、图文、短视频各显其能。陆、海、空、火箭军四位兵哥哥和一位部队文职姐姐，担纲演义"漫画"故事，为幸运的在校学生军迷，面对面普及导弹武器知识；金庸大侠、古希腊战神也在其中"客串"角色，友情出演。

《由表及里看导弹》让导弹知识不再深奥。

轻松阅读，由表及里；脉络清晰，由浅入深、寓教于乐。

国防科普进校园，阅读也能"精确制导"！

火火哥

火箭军少校军官

雯雯姐

国防科大文职人员

空天哥

空军少校军官

梓睿

初级中学男生

海洋哥

海军少校军官

诗晴

初级中学女生

陆大哥

陆军少校军官

目 录

科 普 中 国
CHINA SCIENCE COMMUNICATION

一、
趣说导弹命名·绰号

知识不是力量，探求知识的好奇心才是力量。

"三钱"科技报国——
"中国航天之父""中国导弹之父"钱学森
"中国原子弹之父"钱三强
"中国近代力学之父"钱伟长

钱学森

钱伟长

钱三强

1955 年，陈赓大将问钱学森："我们中国人能不能造导弹？"

"有什么不能？外国人能造出来，我们中国人一样能造出来，难道中国人比外国人矮一截不成？！"钱学森回答道。

经过中国一代又一代科技人员的不断探索和实践，我们国家拥有了原子弹、氢弹；有了火箭载具、人造卫星；有了载人飞船、宇宙空间站；有了多种型号的导弹装备。

国 之 重 器
保 卫 和 平

现在我们可以开始了。先说人类武器进化史。

史前人类制造了石斧、木棒、骨牙等生产工具。
同时这些工具也用于部落间厮杀，成为最早的武器。

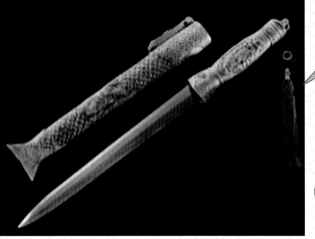

公元前 2000 多年前，青铜器和铁器出现。

刀、剑、戟等冷兵器应运而生。

公元 800 年，随着火药的发明，"突火枪"、"蒺藜火球"、"火铳"等各种枪炮出现，随后自动火器投入战场。

18 世纪第一次工业革命时期，具有蒸汽动力的各种平台和枪炮结合，使战争进入热兵器时代。

20 世纪 30 年代，为满足更远距离、更精准、更快、更大威力的作战需求，导弹面世了！它甚至改变了战争的形态。

进入 21 世纪，信息化战争成为新的军事形态。情报侦察、通信指挥、军队机动、战场打击等方面都要依靠信息化技术手段。谈到战场打击使用的信息化装备，有飞机、坦克、火炮、导弹等，这其中导弹是一个非常重要的角色。

你们都听说过什么导弹呀？

"地狱火"导弹，看手机视频知道的。

美国"地狱火"
导弹

2020 年 1 月 3 日，在
巴格达国际机场，伊朗
高级将领苏莱曼尼被美
军 MQ-9 "死神"无人
机发射"地狱火"导弹"刺
杀"，举世震惊。

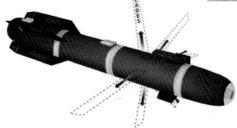

美军这次发射的是改
进型"地狱火"导弹
AGM-114R9X。

"地狱火"又名"海尔法"，于1972年研制。在海湾战争中，"阿帕奇"武装直升机发射"地狱火"导弹，曾出现过单机一次出动摧毁23辆坦克的战例。

然而，很多人不知道的是，"地狱火"只是导弹的"绰号"，并不是它的正式名称。

"地狱火"这个绰号真是恐怖！

导弹自问世以来，已经有几百种不同的型号。

那除了"地狱火"，导弹还有什么有趣的绰号吗？雯雯姐。

那可多了，从自然现象到神灵鬼怪，从日月星辰到花草树木，可以说是五花八门。

自然现象队

以自然现象命名的导弹：

"东风""西北风""飓风""龙卷风""风暴""霹雳""烈火""地狱火""巨浪"等导弹

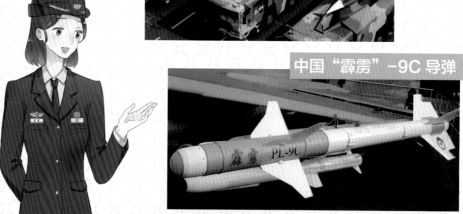

中国"东风"-17 导弹

中国"霹雳"-9C 导弹

神灵鬼怪队

以神灵鬼怪命名的导弹：

"雷神""大力神""宇宙神"
"丘比特""妖怪""撒旦"
"海妖"等导弹

美国"大力神"洲际弹道导弹

俄罗斯"撒旦"洲际弹道导弹

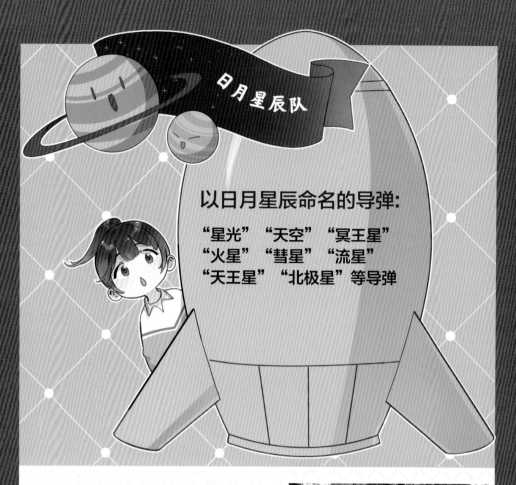

日月星辰队

以日月星辰命名的导弹：

"星光""天空""冥王星"
"火星""彗星""流星"
"天王星""北极星"等导弹

伊朗"流星"-3 弹道导弹

法国"冥王星"导弹

俄罗斯"天王星"反舰导弹

花草树木队

以花草树木命名的导弹:

"白杨""紫菀""罗兰特"
"小榭树""山毛榉""菊花"
等导弹

俄罗斯"白杨"洲际导弹

法国"紫菀"防空导弹

俄罗斯"山毛榉"防空导弹

冷兵器队

以冷兵器命名的导弹：

"战斧" "鱼叉" "三叉戟"
"军刀" "短刀" "长矛"
"标枪" "红缨" "海标枪"
"短剑" "长剑" "天弓"
"红箭" "箭" 等导弹

美国"战斧"巡航导弹

英国"海标枪"舰空导弹

中国"长剑"巡航导弹

日常器物队

以日常器物命名的导弹：

"橡皮套鞋" "针" "短号"
"镰刀" "手术刀" "宝石"
"硫磺石" "捕鲸叉" "红旗"
"锆石" 等导弹

英国"硫磺石"反坦克导弹

中国"红旗"-9B 防空导弹

飞禽队

以飞禽命名的导弹：

"海麻雀" "鹌鹑" "鸬鹚"
"翠鸟" "信天翁" "红鸟"
"秃鹰" "海鹰" "猎鹰" "隼"
"雷鸟" "百舌鸟" "海鸥"
"海燕" "不死鸟" 等导弹

美国"海麻雀"舰空导弹

英国"雷鸟"防空导弹

走兽队

以走兽命名的导弹:

"考拉""山猫""大斗犬"
"警犬""小牛""黑牛"
"袋鼠""海猫""海狼"
"小斗犬"等导弹

美国"小牛"空地导弹

英国"海狼"舰空导弹

蛇虫队

以蛇虫命名的导弹：

"红沙蛇" "海蛇" "蚕"
"响尾蛇" "蝮蛇" "蜘蛛"
"眼镜蛇" "毒蛇" "白蛉"
"壁虎" "黄蜂" 等导弹

美国"响尾蛇"空空导弹

印度"毒蛇"反坦克导弹

俄罗斯"黄蜂"防空导弹

导弹的"绰号"就像武林高手的"诨名"一样，充满着想象力和震撼力，凸显导弹的特征和个性，更让人印象深刻。

那以后中国的导弹会不会叫"降龙十八掌"呢？

我希望以后有导弹叫"小龙女"。

二、
趣说导弹命名·学名

"战斧"导弹，在1991年海湾战争中大规模使用，使得伊拉克整个防空体系陷入瘫痪，美军轰炸机、战斗机得以长驱直入。

在随后的几场局部战争中，也是由"战斧"导弹实施第一波次的打击任务。大家记住了它的名字，而"战斧"只是它的"绰号"，多数人并不知道它的"学名"。

是"战斧"导弹呀！那它的学名是什么呢？海洋哥。

"战斧"导弹？我只听过"战斧"牛排。

给导弹起"学名"有什么规矩？我来给你们举一个美军导弹命名的例子。

1963 年美国国防部正式发布了导弹命名方式。

美军导弹的正式名称主要由"XXX（字母）-XXX（数字）+字母"三部分组成。

例如：BGM-109C、AGM-84E、AIM-120D、LGM-30C 等。

美军导弹"学名"的第一部分一般由三个字母组成，如 AGM、BGM 等。

导弹宝宝产房

AGM

BGM

第一个字母通常表示导弹的发射环境或发射方式。

第二个字母表示导弹的目标环境或作战任务。

第三个字母"M"为导弹英文"Missile"的首字母。

这么说可能大家还不太理解。

美军导弹"学名"的第一部分的第一个字母，通常表示导弹的发射环境或发射方式。

陆大哥，那导弹不都是在空中发射的吗？

可没有这么简单哦。

字母大战爆发！

发生什么事了？

今天你抢沙发了吗？

沙发！沙发！哈哈，我是第一！

又没抢到！呜呜呜。

我天生就是第一！

如果第一个字母是A，那么表示这种导弹是机载空射的。

看来是不简单，哥，举几个例子。

飞机发射 AGM-65 "小牛" 空对地导弹

飞机抛射 AIM-120 空空导弹

飞机发射 AIM-9L "响尾蛇" 空空导弹

飞机挂载 6 枚 AIM-120C 导弹

再比如 AIM-7"麻雀"、AGM-45"百舌鸟"、AIM-54"不死鸟"，这些导弹的第一个字母都是 A，说明它们是从飞机上发射的。

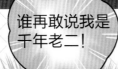

谁再敢说我是千年老二！

如果第一个字母是 B，表示这种导弹是从多平台发射的。

如"战斧"就是从不同平台发射的。

BGM-109 陆基型"战斧"巡航导弹

BGM-109 潜射型"战斧"巡航导弹

BGM-109 空射型"战斧"巡航导弹

"宙斯盾"战舰发射 BGM-109 "战斧" 巡航导弹

BGM-71 "陶"（TOW）反坦克
导弹也可以从不同平台发射

BQM-34 "火蜂" 导弹可从不同平台发射

耶！是我是我，就是我！

如果第一个字母是 C，那么表示这种导弹是掩体水平储存、地面发射的。

CGM-16 "宇宙神"
洲际战略弹道导弹

CIM-10 "波马克" 防空导弹

我还是挺帅的嘛！

如果第一个字母是 F，表示这种导弹是单兵便携式发射的。

FIM-43 "红眼睛" 导弹

FIM-92 "毒刺" 导弹

哇，这导弹应该很重吧！

嗯嗯，这张沙发挺结实！

海洋哥，那第一个字母 G 是什么意思呢？

如果第一个字母是 G，说明这种导弹是地面发射的。

例如，GQM-163 超声速反舰导弹靶弹。

如果第一个字母是 L，通常表示这种导弹是地下井储存并发射的。

LGM-25C "大力神"-2 洲际导弹

LGM-30C "民兵"-3 洲际导弹

我不是在做梦吧？今天我第一！

如果第一个字母是 M，说明这种导弹是机动发射的。

MGM-31A "潘兴"-1 弹道导弹

MIM-23 "霍克" 导弹

还有 MGM-1 "斗牛士"导弹、MQM-39 "红雀"导弹、MIM-72 "小槲树"导弹，也是机动发射的。

MIM-104 "爱国者" 导弹

PGM-17 "雷神" 导弹

PGM-11 "红石" 导弹

PGM-19A "丘比特" 导弹

即使这样了，我也要安静地做个美男子。

海洋哥，如果第一个字母是 R 呢？

表示这种导弹是从水面舰艇发射的。

RGM-84 "捕鲸叉" 反舰导弹

RIM-8 "黄铜骑士" 防空导弹

RIM-7 "海麻雀" 导弹

RIM-2 "小猎犬" 导弹

如果第一个字母是 U，表示这种导弹是从水下潜艇发射的。

你们看 UGM-96A"三叉戟"-1 导弹、UGM-133A"三叉戟"-2(D5) 导弹发射的场景，是不是很震撼哦。

UGM-96A "三叉戟"-1 导弹

UGM-133A "三叉戟"-2(D5) 导弹

美军导弹"学名"第一部分的第二个字母，表示导弹的目标环境或作战任务。

通俗点说，是不是第二个字母就是指导弹要打击的对象呢？

别急，待会儿我们详解。

常用字母的含义：

C——诱饵或假弹；
G——攻击地面或海上目标；
I——空中拦截弹；
Q——靶弹；
T——教练弹；
U——攻击水下目标的导弹。

教练弹是什么意思呢？

顾名思义，教练弹是在训练中常用的导弹。

美国空军 C-17A 战略运输机抛射诱饵弹

这是导弹的目标环境或作战任务的相关图片

AGM-109H 导弹（攻击地面机场）
AGM-109K 导弹（攻击海上舰艇目标）

RIM-116"拉姆"导弹可同时对抗直升机和固定翼飞机及小型水面目标

BQM-74"石鸡"靶弹

突击叙利亚目标的舰载巡航导弹

导弹对目标建筑实施精确打击

导弹"学名"第一部分的第二个字母比较好记。

陆大哥，那第一部分的第三个字母是什么意思？

美军导弹"学名"第一部分的第三个字母"M"为导弹英文"Missile"的首字母。

所以只要看到第三个字母是"M"，就都是导弹吗？

你理解的很快呀，是这样的。

下面来说说美军导弹"学名"的第二部分。

第二部分是数字，代表该类型导弹的编号，如86、109、114等。

最后说说美军导弹"学名"的第三部分。

导弹的命名比我想象的复杂多了。

第三部分通常为某个字母，如C、E等，主要用于该系列导弹改进型的"兄弟座次"。

有的时候，你们可能会在最前面看到一个前缀字母，那表示某型号导弹所处的研制状态。

常用字母的
含义是：

J——临时专用试验弹；
N——长期专用试验弹；
X——研制中的试验弹；
Y——样弹；
Z——计划采购中的导弹。

导弹"学名"有学问，根据以上命名方式，你就可以知道，美军学名为BGM-109C的"战斧"巡航导弹，是多平台发射的，可以舰射、潜射或机载空射，也可以在地面平台发射；可以攻击地面的固定目标或海上的舰船目标；编号为109，C表示为第三次改进型。

美军 BGM-109C 的"战斧"巡航导弹

多种平台发射	攻击地面或海上目标	导弹	109编号	C 系列

这是美军 BGM-109C
的"战斧"巡航导弹命
名示意图。

拿小本子
记下来。

三、
趣说导弹命名·中国导弹

"小军迷探军营"开营啦！

大家对这次活动期待吗？

期待！

一提起中国导弹，大家首先想到的肯定是"东风"系列。

"小军迷探军营"第一站！

哇，"东风"导弹！上次在国庆阅兵式上看到了，真威风啊！

导弹发射先锋营

DF-100

你们还记得国庆七十周年阅兵式展示的新一代武器吗？

我来说！

我来说！

我最记得"东风"-17导弹，外形跟科幻片里的一样，一个字"炫"！

确实炫！

这是"东风"-17导弹首次公开亮相，它采用"钱学森弹道"，具备全天候、无依托、强突防等特点，可对中近程目标实施精确打击。

我知道"东风"-17导弹总设计师是谁。她叫祝学军，是中国科学院院士，美女院士，她可是我的偶像哦。

我还知道，因为有了钱爷爷回国效力，我国的导弹、原子弹的成功研制时间至少缩短了20年。

不过，"钱学森弹道"是怎么回事呢？

真不错，知道这么多关于导弹的知识。但这些专业问题，下回再给你们说。

"东风"-26导弹也是威风凛凛的呀！雯雯姐，它的特点是什么呢？

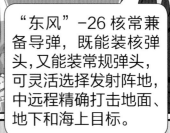

"东风"-26核常兼备导弹，既能装核弹头，又能装常规弹头，可灵活选择发射阵地，中远程精确打击地面、地下和海上目标。

在它面前，没有目标可以遁形。

我印象最深的是"东风"-41导弹,这个庞然大物肯定是最厉害的。

每款都厉害,各有各的目标和任务。

"东风"-41导弹的作用呢?

战略制衡、战略慑控、战略决胜。

"东风"-41洲际战略核导弹是我国战略核力量的重要支撑。

从弹道导弹到巡航导弹,从常规导弹到核导弹,从中近程导弹、中远程导弹到洲际导弹,"东风"系列导弹是我国维护和平、捍卫和平的国之重器。

火箭军可太厉害啦!

中国火箭军原来叫第二炮兵，现在是升级的新军种，一直被网友亲昵地称作"东风快递，使命必达"。

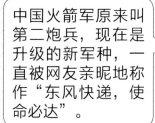

我们的东风快递小哥是最棒的！

DΓ

EXPRESS
东风快递
使命必达

"东风"导弹为什么叫"东风"呢？

浩荡"东风""点燃"了小伙伴们的想象力。

爱好古典诗词的同学从"东风"系列导弹发射或毁伤场景展开联想。

是不是出自辛弃疾的词，表现导弹多个弹头发射的壮观景象。

东风夜放花千树，更吹落，星如雨。

可能是受到欧阳修这首《浪淘沙》的启发吧？表达弹道导弹发射成功的喜悦。

把酒祝东风，且共从容。

小军迷来了一场"东风"飞花令。

一阵东风来卷地，吹回，落照江天一半开。

等闲识得东风面，万紫千红总是春。

毛主席引用《红楼梦》中的一句话"不是东风压倒西风，就是西风压倒东风"。

看来小军迷们还是古典诗词迷呀！

这里史料为证，记录了"东风"导弹名称的出处。

原来"东风"导弹名称出自毛主席语录。

"小军迷探军营"
第二站！

国庆七十周年阅兵式展示的导弹武器,除了"东风"系列导弹，还有什么系列呢?

雯雯姐，还有"鹰击"系列导弹。

新款"鹰击"导弹有哪些呢?

"鹰击"-12B 岸基反舰导弹

"鹰击"-18 舰舰导弹

"鹰击"-18A 潜舰导弹

与"东风"导弹一样,"鹰击"导弹名称也与毛泽东有关。

那它的名称又是怎么来的呀?

这是获得解放军首届"先行杯"一等奖的书法作品，还是国防科技大学导弹专家的业余大作呢。小伙伴们，可以在其中找一找。

在这里，就在这里！

哈哈，姐，跟我们玩捉迷藏啊。

原来"鹰击"反舰导弹的名称出自毛爷爷的《沁园春·长沙》"鹰击长空，鱼翔浅底，万类霜天竞自由。

"小军迷探军营"
第三站！

大家先不要讨论，一起来看看新款！

"红旗"-16B 野战防空导弹

"红旗"-17A 轮式中近程野战防空导弹

哇，这也是国庆七十周年阅兵式首次亮相的两款呀！

哈哈，探军营"秒变"诗词大会。

"红旗"导弹的名称说不定也是出自毛爷爷的诗词。

猜对啦！"红旗"防空导弹的名称出自毛泽东的《七律·到韶山》"红旗卷起农奴戟"一句。

红旗卷起农奴戟

黑手高悬霸主鞭

毛澤東七律到韶山詞

毛泽东诗词具有革命的现实主义与浪漫主义相结合的特质，体现了敢于斗争的大无畏精神。

特别能彰显中国导弹的"精气神"。

现在小伙伴们都知道了，中国导弹名称很多是取自毛泽东诗词或语录。

你们这是在抢康震老师的饭碗呀。

今天让我联想到了康震，知名文化学者，在《中国诗词大会》中担任嘉宾。

中国导弹
保卫国家
保卫和平

中国导弹的命名，是我国军事文化长卷中浓墨重彩的一笔。

四、
漫话导弹家族·精导三剑客

第6号台风"烟花"的中心在浙江省舟山普陀地区，将沿海登陆，登陆时中心附近最大风力13级。

呼呼呼！

天有不测风云，不知三位兵哥哥堵在哪条路上？

咚咚…！

"和平小卫士"军演筹备组

张火火，到！

王空天，到！

李海洋，到！

哇哦，欢迎"三剑客"亲临指导！这么恶劣的天气，你们都赶来了。

这次军演设置了登陆、空中支援、特种作战等科目，装备是"精确制导武器"模型。

咔

我们筹备组做了个短片，请你们看看。

1.精确制导武器是指什么武器？

采用高精度探测、控制及制导技术，能够有效地从复杂背景中探测、识别并跟踪目标，能从多个目标中选择攻击对象，高精度命中其要害部位并最终摧毁目标的武器装备。

2.精确制导武器是什么时候出现的？

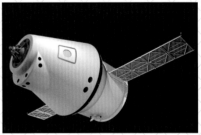

第二次世界大战期间，精确制导武器横空问世，随着航空、无线电、自动控制、导航以及计算机等技术的发展，精确制导武器技术也迅速发展起来，目前精导武器已发展为种类繁多的"大家族"。

短片做得好呀!

诗晴,你不是称我们为"三剑客"吗?正好,我们分别充当"精确制导武器大家族"中的三位成员。

我是"精确制导弹药",又称"灵巧弹药",家庭成员有制导炸弹、制导炮弹等。

我是导弹,不是"捣蛋"哦,全称是"精确制导导弹"。

我是"水下制导武器",家庭成员有制导鱼雷等。

太燃啦!

我们是热血"三剑客"!

首先，有请剑客1号——"精确制导导弹"出场！

我来也！

精确制导导弹，简称"导弹"，是一种携带战斗部，依靠自身动力装置推进，由制导系统导引控制飞行轨迹，导向目标并摧毁目标的飞行器。

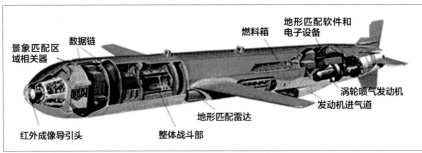

景象匹配区域相关器

数据链

燃料箱

地形匹配软件和电子设备

红外成像导引头

地形匹配雷达

整体战斗部

发动机进气道

涡轮喷气发动机

导弹最重要的指标是射程、威力和精度。发动机主要解决"打得远"的问题，战斗部主要解决"打得狠"的问题，制导系统主要解决"打得准"的问题。

中国"东风"-41 洲际导弹

中国"东风"-26 核常兼备导弹

中国"东风"-17 常规导弹

有的导弹像火箭,有的导弹像无人机,还有的导弹像炮弹,不少同学傻傻分不清哦。

目标传感器　　　　　　陀螺　　　火箭发动机

前战斗部　　后战斗部　　　　　　控制系统执行机构　　　线管

数字式电子装置

在导弹的三个主要组成部分中,如果去掉发动机,就是精确制导弹药;如果去掉战斗部,就是无人机或运载火箭;如果去掉制导系统,就是非控火箭弹。

说慢点,我有点晕了。

扫一扫，了解
"精确制导武器大家族"

哈哈，给你们推荐一个宝贝，下载"科普中国"App，关注"国防电子信息"，里面有不少导弹知识。

太棒啦！

巡航导弹外形像飞机，德国的 V-1 导弹是其开山鼻祖，这种类型的导弹作为一个整体直接攻击目标。

弹道导弹外形像火箭，无翼，其元老首推德国的 V-2 导弹。弹道导弹飞行到预定位置后，弹体和弹头分离，由弹头执行攻击目标的任务。

导弹在"精确制导武器大家族"中"人丁兴旺"，它大体上发展了四代，可谓"四世同堂"。

导弹的分类有很多方法，有按作战用途分的，有按发射平台分的，有按制导方式分的，等等。

导弹可以说是"精确制导武器家族"中的"大咖"呀！

接下来，有请剑客2号——"精确制导弹药"出场。

嚯嚯！看我与导弹有何不同？

精确制导弹药与导弹之间的主要区别是它自身无动力装置，需要借助火炮、飞机等发射、投掷。

智能末敏弹专攻坦克"脑门"

A 子弹弹出

B 打开降落伞

C 马达工作

D 喷射弹丸

E 搜寻目标

F 弹丸穿甲

G 击碎"天灵盖子"

精确制导弹药又分为两类

一类是末制导弹药，在弹道末段依靠寻的器和控制系统，自动修正或改变飞行轨迹，从而不断接近并最终命中目标。

另一类是末敏弹药，在目标上空被撒布时，能在较小范围内探测目标，沿探测器瞄准的方向发射弹丸，从空中攻击集群坦克。

如果你们想看军演中的武器，可以参考这些图片。

XM982"神剑"精确制导炮弹

美、英、法、德、意联合研制的精确制导火箭弹

XM31 中程弹药

M898 型 155 毫米末敏弹摧毁目标

末敏弹是"从天而降"，也被称作"坦克杀手"

最后，有请剑客 3 号——"水下制导武器"出场。听说它神秘而特殊。

平常看不见，偶尔露峥嵘。

水下制导武器是指在海战时使用，能在水下毁伤目标以及对抗敌方武器的各种装备。

海水密度是空气的 800 多倍，武器在海水中航行阻力大、压力大。在海战中使用的水下制导武器自成一体。

水下制导武器怎么分类呢？

水下制导武器一般可分为制导鱼雷、制导水雷和制导深水炸弹等。我们可以把制导鱼雷看作是水下的"导弹"。

鱼雷发射示意图

鱼雷减速入水

美国 MK48 热动力重型鱼雷

意大利 MN103-MANTA 浅水水雷

这些可以作为水下制导武器模型的参考呀。

俄罗斯一款深水炸弹

五、
漫话导弹家族·八大门派

飞雪连天射白鹿

小军迷 COSPLAY 活动

笑书神侠倚碧鸳

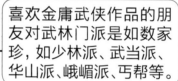
喜欢金庸武侠作品的朋友对武林门派是如数家珍，如少林派、武当派、华山派、峨嵋派、丐帮等。

精确制导导弹武器发展至今，也是门派林立。

这期的COSPLAY就以导弹门派为主题，特别邀请到雯雯姐担任主持。

导弹武器的"门派"可按射程、发射位置、飞行方式、有无动力装置和作战用途等分类。

这里按照导弹的作战用途，将其分为"八大门派"。

我来也！

核威慑的"大棒"
——战略弹道导弹

弹道导弹是以火箭发动机为动力的无翼无人驾驶飞行器。发动机关机后，导弹按预定弹道曲线飞向目标。

战略弹道导弹的射程一般超过8000千米，可携带核弹头，用来威慑和攻击敌方战略目标，对国家生存和战争胜败有重大意义。

俄罗斯"萨尔玛特"导弹

中国"东风"-41 导弹

美国"民兵"-3 导弹

战略弹道导弹是国之重器

某大国曾多次对中国进行核威胁和核讹诈，有了"中国导弹之父"钱学森等"两弹一星"元勋为国效力，我国终于拥有了保家卫国的坚强盾牌。

请闪开！

战区战场的"主力军"
——战术 / 战区弹道导弹

2片

战术／战区弹道导弹是用来支援战场作战、压制和消灭敌方战役战术纵深目标的近／中程弹道导弹。

战术／战区弹道导弹通常装常规弹头，也可装低当量核弹头，一般从机动发射车上垂直发射或倾斜发射。

美国陆军战术导弹

俄罗斯"伊斯坎德尔"导弹

中国"东风"-15B 导弹

战术／战区弹道导弹攻击的主要目标有指挥所、导弹部队、前沿机场、桥梁等。

俄罗斯"飞毛腿"导弹

开路有我！

3号

远程精确打击的"霹雳神"——巡航导弹

巡航导弹是一种在大气中飞行、外形类似飞机的导弹，可分为核巡航导弹和常规巡航导弹。

核巡航导弹由战略轰炸机或潜艇发射，是实施第二次核打击的重要威慑和打击力量。常规巡航导弹主要执行远距离精确打击等任务。

美国 BGM-109 "战斧" 巡航导弹

美国 AGM-86A 空射巡航导弹

俄罗斯 "天王星" 导弹

中国 "长剑"-100 巡航导弹

大家在国庆七十周年阅兵式上看到 DF-100 属于"东风"系列。"东风"系列一般是弹道导弹，只有"长剑"是巡航导弹。

对抗空袭的"保护神"——防空导弹

妖怪！哪里跑！

防空反导导弹是指由地面或舰船发射，拦截空中目标的导弹。

防空反导导弹可以拦截多种不同飞行高度的空中及空间目标，又统称为防空防天导弹。

美国"爱国者"防空导弹

俄罗斯 C-400 防空导弹

中国"红旗"-9B 防空导弹

这里我插播一个著名战例。

1959 年 10 月 7 日，我空军于北京通州使用防空导弹击落了美制 RB-57D 高空侦察机，开创了世界防空史上使用防空导弹击落飞机的先河。

保护神，厉害！

大棒厉害，一锤定音！

哼！本霹雳神表示不服！

我们刚商议好，东邪、西狂、南僧、北侠、中顽童，五绝之中，以我居首！

哈哈哈哈哈！

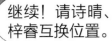

继续！请诗晴、梓睿互换位置。

哗～！

宝塔镇河妖，我来也！

5号

海中战舰的"天敌"
——反舰/反潜导弹

反舰/反潜导弹是打击水面舰船和潜艇的各类导弹的总称。

这是对海作战的主要武器，攻击目标大到航空母舰，小到快艇。

美国"捕鲸叉"系列反舰导弹

法国"飞鱼"反舰导弹

俄罗斯"马斯基特（日灸）"
SS-N-22 反舰导弹

意大利"米拉斯"反潜导弹

中国"鹰击"-18A 潜舰导弹

现有的反舰导弹多为巡航式导弹。

看剑！

6岁

空中对抗的"利剑"——空空导弹

空空导弹是从空中平台发射，攻击空中目标的导弹。

性能先进的空空导弹是夺取制空权的重要保证。

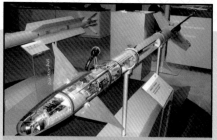
美国"响尾蛇"AIM-9L空空导弹

美国"阿姆拉姆"AIM-120A导弹

俄罗斯R-77"蟒蛇"空空导弹

以色列的"怪蛇"-5空空导弹

中国"霹雳"-5E II空空导弹

麻雀虽小，五脏俱全。

天王盖地虎，大家看过来！

1 号

战机上的"撒手锏"——空地导弹

空地导弹是一个很大的范畴，它是指从空中平台发射，对敌方地面、水面、地下、水下目标实施攻击的导弹。

通用型空地导弹可以执行各种对地攻击任务。
专用型空地导弹一般用来攻击特定的目标，如空地反辐射导弹等。

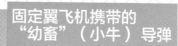
固定翼飞机携带的
"幼畜"（小牛）导弹

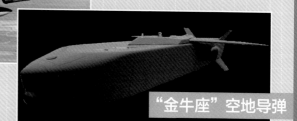
"金牛座"空地导弹

"哈姆"反辐射导弹

"百舌鸟"反辐射导弹

"标准"反辐射导弹

反辐射导弹又称反雷达导弹，在现代战争中会发挥巨大作用，通常被归类为电子战武器。

专治不服！

8号

钢铁堡垒的"克星"
——反坦克导弹

反坦克导弹主要用于击毁坦克和其他装甲目标，还可以攻击敌方碉堡、掩体和水面舰艇等多种目标。

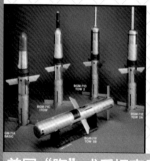

美国"地狱火"导弹装在 AH-64 阿帕奇直升机吊架上

坦克顶部装甲较薄，防守相对薄弱，是反坦克导弹攻击的重点部位。

美国"陶"式反坦克导弹系列

法国 SS-11 反坦克导弹

美国"标枪"导弹发射

中国"红箭"-10 反坦克导弹

时间到！

今天诗晴、梓睿的表现各有特色。在装备上，梓睿略胜一筹，而诗晴的角色扮演更逼真一些。

导弹门派林立，各显神通。
导弹武器系统威力强大，破坏性强，
捍卫和平，才是正道。

我们策展组收集意见时发现，同学们对导弹武器特别感兴趣，空天哥有什么建议？

军事主题科普展览策划中。

建议以海湾战争为主题。

好的！据我所知，这场战争所用到的导弹种类包括地地导弹、巡航导弹、空地导弹、防空导弹、反舰导弹、反坦克导弹、反导导弹等。

1991年的海湾战争，开启了导弹武器大规模运用于现代战争的先河，战争双方使用的导弹不仅数量大，而且种类多。

讲导弹，不得不说说"导弹之父"冯·布劳恩。小时候，母亲送他一架天文望远镜，从此他迷上了浩瀚星空。

冯·布劳恩

好奇心很重要哦，兴趣是最好的老师。

空天哥，看我选的"爱国者"导弹，可以让同学们观看它的照片。

可以呀！

"爱国者"导弹是美国继"奈基""霍克"导弹之后研制的另一种全天候、全空域防空导弹。

"爱国者"在拦截"飞毛腿"

"爱国者"防空导弹

在这场战争中，作为"导弹打导弹"的首次实战运用。"爱国者"导弹数次成功拦截"飞毛腿"导弹。不仅证明了该导弹的先进性，也显示了信息技术成果在战争中的作用。

空天哥，慢点说，我把这些准备写在展板上。

"飞毛腿"导弹名称很好玩呀！

美国士兵带着防毒面具检查"飞毛腿"导弹残骸。

俄罗斯的"飞毛腿"导弹

将它选入图片展,可以!

"飞毛腿"导弹是苏联研制的可机动发射的地地战术导弹,发射准备时间短,最大射程达600千米。

在海湾战争中,伊军用"飞毛腿"导弹击中美军在沙特宰赫兰的一个军营,伤亡100多人,是美军损失惨重的一次。

我查资料得知,伊军试图用"飞毛腿"导弹激怒以色列并将其卷入战争,虽没有成功,但彰显了该导弹的另一种战略价值。

"战斧"巡航导弹！我看了不少关于它的图片和视频。

"战斧"巡航导弹

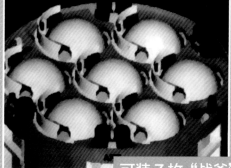

可装 7 枚 "战斧" 巡航导弹的垂直发射装置

"战斧"巡航导弹就是在这场战争中出名的。

在海湾战争中，美军舰艇共发射了 288 枚 BGM-109C/D 常规海射"战斧"巡航导弹和 35 枚 AGM-86C 常规空射巡航导弹，大部分命中目标。

这是"战斧"巡航导弹首次大规模使用，使伊军指挥失灵，武器失控，对于多国部队先期掌控全局主动权起到了至关重要的作用，

它也成为后续局部战争中美军发动空袭的首选武器。

"小牛"空地导弹表现怎样?

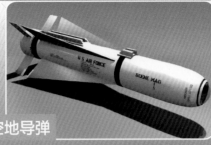

"小牛"空地导弹

被"小牛"击中的伊军坦克

图片里被"小牛"导弹"挖"的坑,密密麻麻,这一情景被称为"坦克坟场"。

"小牛"还有一个绰号,叫"幼畜"。

最初的"小牛"空地导弹采用电视制导。

在海湾战争中,美军飞机共发射5296枚"小牛"空地导弹,共有4712枚击中目标。

美军公开的数据说:在一次夜间行动中,"小牛"一批次就击中了伊军24辆坦克。实际的数据可能有"水分",但也说明了"小牛"的攻击能力。

"地狱火"反坦克导弹

"阿帕奇"武器直升机挂载"地狱火"导弹

反辐射导弹——打开空中进攻的大门。

"标准"反辐射导弹

"百舌鸟"反辐射导弹

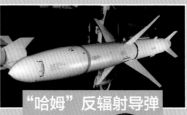

"哈姆"反辐射导弹

反辐射导弹又称反雷达导弹，主要用于防空压制作战，是"制电磁权"争夺战中重要的硬杀伤武器。

我看过海湾战争纪录片，伊军雷达开机，等于是"自杀"；不开机，又无法对付多国部队的空袭。

多国部队发射了"百舌鸟""标准""哈姆"等各种反辐射导弹约 1500 枚，伊军 95% 以上的雷达被摧毁。

反辐射导弹让伊军防空系统处于进退维谷的境地。

七、
初识导弹器官·五脏六腑

"初识导弹器官"科普直播间

哈喽，欢迎新进来的军迷宝宝们。

我们人类经过几百万年的进化，成为现在的样子。导弹在所有武器中属于"进化"程度高的。

武器也进化，好新鲜！

是呀，就像人类一样，而且导弹各分系统像人的各个器官一样不可或缺，它们组成一个完整的作战系统。

组成导弹的主要"器官"是什么呢?

它们又起到什么作用呢?

别急!别急!我们正在"解剖"一款"硫磺石"反坦克导弹。

一起来认识导弹的"五脏六腑",了解导弹各分系统的结构和功能。

今天的"主刀"是张火火，助手是王空天。

之前，我们已经给"硫磺石"导弹做了CT扫描检查。

军迷宝宝们仔细看，导弹武器主要由导引头电子设备、制导控制系统、动力推进系统、主战斗部、电源系统以及点火系统等部分组成。

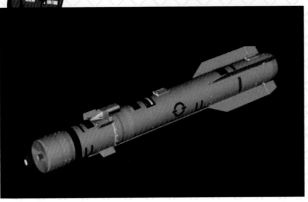

现在开始"解剖"。看，这是导弹的导引系统。

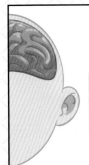

也就是导弹的"耳目"与"大脑"。

导引头电子设备

导引头天线

导引头天线罩

精确制导武器与其他武器的最大区别在于，它具有"眼睛""耳朵"和"大脑"，我们称之为导引系统。

导引系统的基本功能是获取被攻击目标的信息，并且按照程序对信息进行分析处理，为导弹提供指引和导向。

导引头！？

由于它常被装
在导弹的头部，
因此通常简称
为"导引头"。

导引系统的"大脑"部分是由看得见、摸
得着的信息处理硬件和看不见的软件组成，
它们处理信息的能力直接决定了导弹的"智
力"水平，即"聪明"与否。

"大脑"能够根据"眼睛""耳朵"等器官
探测到的目标信息，正确地感知与理解外部
环境，实现目标检测、识别与跟踪，并形成
制导指令。

明白，明白，原来导弹要想"发射后不管""指哪打哪"，得首先有个聪明"脑袋"。

下面，展示一下导弹的制导控制系统，也就是导弹的"神经"和"四肢"。

制导控制系统

制导控制系统好比是导弹的"神经"和"四肢"，它的基本作用是执行"大脑"生成的制导指令，控制导弹的飞行姿态和运动轨迹，保证导弹准确命中目标。

我要飞得更高，飞得更高！

看！这里是导弹的动力装置。

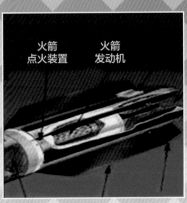

火箭点火装置　　火箭发动机

也就是导弹的"心脏"和"肌肉"。

这个没弄明白。

把动力装置比作是导弹的"心脏"和"肌肉"，也许不是很确切。

实际上，动力装置一般由发动机和燃料（推进剂）供应系统两部分组成。这个比较好理解。

这是导弹的战斗部（或弹头）。

引信

主战斗部

前战斗部

通俗地说，战斗部就是导弹的"拳头"。

战斗部（或弹头）如同导弹的"拳头"，是毁伤目标的专用装置。

战斗部（或弹头）可以为核装药、常规炸药、其他类型战剂，此外还有电磁脉冲战斗部。

是不是所有导弹都有战斗部呢?

有的导弹没有专门的战斗部,而是利用高速飞行的动能,采用直接碰撞的方式摧毁目标,这时可将整个弹体视作战斗部。

现在,我们可以看到整个导弹的弹体,也就是导弹的"躯干"了。

军迷宝宝们,我看到火火"主刀人"松了一口气,看样子,这台手术接近尾声了。

弹体通常称为导弹的"躯干"，是指构成导弹外形、连接和安装弹上各个装置的整体结构。

好有趣！感觉这台手术，火火哥是在切香肠。

我可没觉得有趣，为什么受伤的总是我呢？

补充一下，这是电源配电系统，是导弹的"血液和血管"。

它们是保证导弹各分系统正常运转的能源装置。

导引头电源

尾翼

电路板集成板卡

此外，有的导弹还有安全系统、分离系统以及点火系统等"器官"。

所有这些组成部分是相互协调的统一体，保证了导弹系统各功能的正常运转。

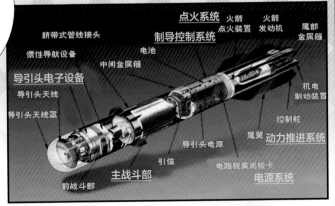

脐带式管线接头
惯性导航设备
导引头电子设备
导引头天线
导引头天线罩
前战斗部
主战斗部
引信
导引头电源
电路板集成板卡
尾翼
制导控制系统
电池
中间金属箍
点火系统
火箭点火装置
火箭发动机
尾部金属箍
机电制动装置
控制舵
动力推进系统
电源系统

哈哈，又是一条完整的"香肠"了。

“初识导弹器官”科普直播就到这里，感谢军迷们的守候与互动，我们下播啦。
再见！
我要二刷！
什么时候出下一期？
这期直播太棒了，又学了好多知识。
呜呜呜，感觉还没看够。

鹰能看到的距离比人类远 4~8 倍，因为它的视细胞集中在一个叫作"黄斑"的物体成像的地方，它的黄斑中的细胞比人多了 5 倍，而且它有两个黄斑。

变色龙的眼睛是锥形的，两个锥形眼睛独自旋转，能同时观察两个不同的地方。

还有，山羊的瞳孔是水平状的，视野范围达到了 320 度～340 度，而我们人类的只有 160 度～210 度。

还有，皮皮虾（螳螂虾）拥有最强大的复眼，它的眼睛有多达 16 种光感受器，而人类的只有 3 种。

诗晴同学太博学了，长大可以成为动物学专家了。

我们刚才可不是说动物的眼睛和耳朵，是在说精确制导武器家族中的导弹，即导弹的眼睛与耳朵。

啊，导弹也有眼睛和耳朵？

那自然有呀！如果看不到、听不见，导弹怎么可以精确地拦截来袭的目标，怎么可以"百里穿洞"呢。

BOOM!

导弹武器就像动物一样，需要凭着"眼睛"和"耳朵"去获取战场环境和目标信息。

导弹武器的"耳目"有个学名——"传感器"。

导弹既然可以自己跑到上万公里的地方攻击敌方，那它的"眼睛"也是够厉害的了。

我们人类不光用自己的肉眼，还可以用放大镜、显微镜、望远镜、"天眼"来拓展视力呀。

导弹一定也有各种各样的"眼睛"。

有的！我们正在准备参加科普讲解大赛，先讲给你们听听。

导弹的"眼睛"（1）雷达传感器

说到看得远，中国古代神话中有"千里眼"的神仙，可是现代雷达比这位神仙还要厉害。

陆基预警雷达

海基预警雷达

机载预警雷达

嗯，海洋哥，雷达传感器这种"眼睛"有什么特点呢?

科学家从蝙蝠的身上得到启示，发明了雷达。雷达是用无线电波来探测物体的设备，它的突出特点是作用距离远、测量精度高，可全天时、全天候，也就是白天、黑夜工作，全天候包括在风、霜、雨、雪中工作。

雷达传感器真是劳模呀!

近些年，为了远距离探测隐身目标，及早发现低空和超低空突防目标（主要是那些隐身飞机）；
以及对抗电子干扰，识别多种类型的目标等，雷达探测采用了许多新技术。

也就是说，导弹"视力"更好了。

是的，如毫米波雷达，具有频率高、波长短、波束窄、测量精度高的特点。

"爱国者"-3 导弹发射瞬间

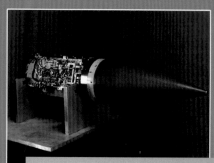

"爱国者"-3 导弹的导引头采用了毫米波雷达传感器

诗晴，我给你说说导弹的这种"眼睛"吧，也就是红外传感器。

红外呀，空天哥，我想到了响尾蛇。虽然响尾蛇视力几乎为零，却是夜间捕食能手，因为它脸上的颊窝能探测到小动物的热辐射。

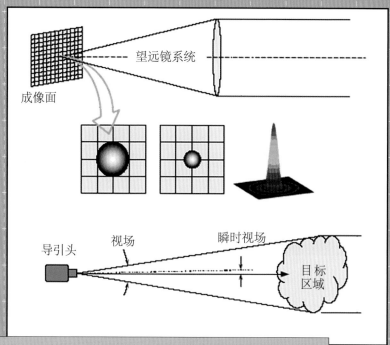

红外成像又称热成像，其基本原理是利用目标与周围环境之间红外辐射能量（温度）的差异（例如，飞机发动机喷出的高温气体），将物体表面温度的空间分布转化为电信号，并以图像的形式显示出来。

从红外传感器的结构来看，其发展历经了点源、一维线阵、二维面阵等阶段；

从工作频段来看，其发展历经单色红外（包括长波、中波），短波、双色红外，多光谱等阶段。

二维面阵成像传感器代表了红外探测技术的最新进展。

红外热成像探测器发现并捕获目标

红外热成像探测器观察目标被击中的情形

采用红外成像制导技术的英国"风暴阴影"巡航导弹

噢，导弹的"视力"是越来越好了，我们班上近视眼却越来越多了。

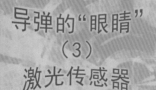

导弹的"眼睛"
（3）
激光传感器

有些导弹系统将激光技术作为探测手段，目前主要采用激光波束制导或激光半主动寻的。

陆大哥，哪些导弹武器长了这种"眼睛"呢？

用激光半主动制导的法国 AS-30L 导弹

俄罗斯"红土地"激光末制导炮弹

美国"铜斑蛇"激光末端制导炮弹

三维距离像　　　　　　　　目标强度像

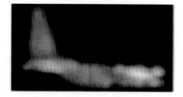

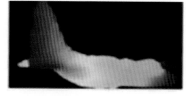

二维强度像　　　　　　　三维强度距离像

相比于微波雷达，激光雷达波长短、波束窄、方向性强，因而测距、测角精度更高，并且不易被其他光源和电磁波干扰。

有些激光传感器还能获得目标的立体像，也就是三维全息成像，非常逼真，可以为ATR提供非常丰富的信息，更智能化。

ATR是个啥呀？再科普一下。

哈哈，下回给你仔细科普这个"自动目标识别"。

125

导弹的"眼睛"
（4）
电视传感器

电视传感器，又叫可见光传感器，采用高分辨率 CCD 摄像头，再附加长焦镜头之后，能看清几千米以外的目标。很多导弹系统将它作为辅助观测设备。

电视导引头侧面特写

电视制导武器瞄准坦克

采用电视制导的"小牛"AGM-65A 空地导弹

导弹的这些"眼睛"比动物的还厉害。不过，它们是不是也有不给力的时候，如突然"失明"，导弹就变成了"瞎子"呢?

问得好！还真有导弹成为"瞎子"的实战案例。

在海湾战争中，多国部队发射了"百舌鸟""标准""哈姆"等反辐射导弹约1500枚，将伊军95%以上的雷达摧毁，伊军防空导弹成了"瞎子"，也就无法对付多国部队的空袭了。

水下制导武器的"耳朵"是声呐传感器。声呐探测装置可以说是水下制导武器的"顺风耳"。声呐是利用声波对目标进行探测、定位和通信的一种电子设备。

水下制导武器"耳朵"：
（5）
声呐传感器

诗晴，再给你说说水下的"导弹"——鱼雷，它长着"耳朵"。

为什么在水中观察和测量时，要用声波呢？

因为在水中光的穿透能力很有限，电磁波的衰减很严重，因此只有声波有得天独厚的优势。

比如，在深海中一个几千克当量的炸弹爆炸时，在两万公里外还可以收到声波信号。

声呐工作示意图

主动声呐工作示意图

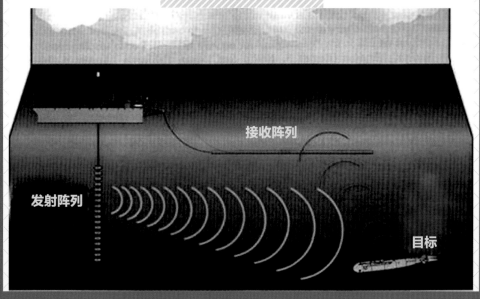

接收阵列

发射阵列

目标

声呐技术主要分两类：
一是主动的，是有源的，
可以发射声波；二是被
动的，不会发射声波，
只接收声波。

我想起了海豚，
它是主动发射
声波的。

拖曳式声呐

定位声呐

直升机吊放声呐

制导武器的"耳目"除了"自带"，还有"外挂"。

除了导弹上的"耳目"，精确制导武器通常还配备了弹外探测制导装置，如地面制导站。它们同时可以利用侦察卫星、通信卫星、预警机，以及其他弹与弹之间的数据链，实现相互的通信。

正是有了这些弹上和弹外的众多"耳目"来眼观六路、耳听八方，精确制导武器才能从复杂的战场环境中发现具有打击价值的目标。

所以导弹才这么聪明,这么厉害！祝兵哥哥们在科普讲解大赛中取得好成绩！

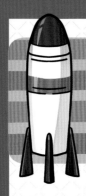

九、
初识导弹器官·脑袋

我梦见爱因斯坦啦！今天是啥日子呀？

今天是:
3月
14日

哦，今天是他的生日。3.14和圆周率 π 有点关系。

1905 年是"爱因斯坦奇迹年"，他独立而完整地提出狭义相对论原理，开创了物理学的新纪元。

我看到了1905年的爱因斯坦。

$E=mc^2$

两位所思所见，跟今天的主题很贴合呀！

精确制导武器可以算是武器装备中最聪明的了。

它可以"发射后不管"，自己寻找目标。

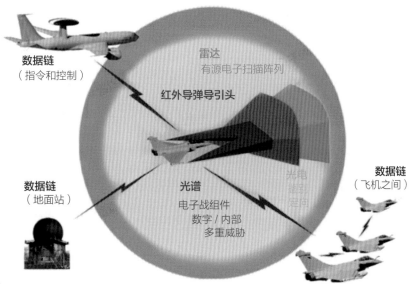

数据链
（指令和控制）

雷达
有源电子扫描阵列

红外导弹导引头

数据链
（地面站）

光谱
电子战组件
数字 / 内部
多重威胁

光电
鉴别
定向

数据链
（飞机之间）

网络中心战

它"指哪打哪，千里奔袭"，命中精度可达到米级。

精确制导武器之所以这么聪明呀，奥秘就在于它具有灵敏的"眼睛""耳朵"和"大脑"，三者称为"导引系统"。

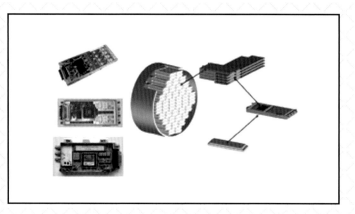

导引系统的"大脑"部分是由看得见、摸得着的信息处理硬件和看不见、摸不着的软件组成，它们处理信息的能力直接决定了导弹的"智力"水平。

导引系统由于经常装在导弹的头部，因此又通常简称为"导引头"。

我们把"导引头"比喻为导弹上的"脑袋"。不同的导弹有不同的"脑袋"。

雷达导引头

雷达导引头主要包括天线接收机、发射机、信息处理机等。

俄罗斯与印度联合研制的"布拉莫斯"超声速巡航导弹，采用主动雷达导引头，具有探测、导引功能。导弹在飞行末段下降到10米左右时，贴近海平面并进行蛇形机动弹道飞行，可突破对手的防线。

我知道，反辐射导弹可打瞎敌方的"千里眼"——雷达。

上图为美国反辐射导弹的主／被动雷达复合导引头。它的天线罩由特殊材料制成，可以透过导引头工作频段的电磁波。

电视导引头

电视导引头一般由电视摄像头、伺服机构、信息处理器等系统组成。电视导引头采用图像处理技术，便于识别目标。

我记得，最早的"小牛"导弹就采用电视导引头。

目前，主动激光成像制导技术已应用到防空反导导弹、巡航导弹和空地导弹等多种武器装备中。

激光导引头通常由激光照射器、接收装置、信息处理机和伺服系统等组成。制导精度高、抗干扰能力强，这是其突出优点，但它受天候的影响较大。

毫米波／红外双模导引头

这是欧洲泰雷兹公司研制的导弹导引头试验样机，它的过人之处在于，采用了双模制导技术：精巧的导引头中综合了毫米波和远红外的探测功能，使导弹的抗干扰、反隐身能力空前提高。

红外双色导引头

美国"标准"-3反导导弹采用中波和长波双色凝视红外成像导引头，可分别对不同温度的红外目标进行探测和跟踪，具有较好的抗干扰能力和目标识别能力。

导引头是导弹上的"脑袋"，太重要啦！

是的，导引头又称制导头、寻的头，是制导武器上用于探测、跟踪目标并产生姿态调整参数的核心装置。

通俗地说，导引头是导弹"看得见""盯得紧"自动寻找目标的核心部件。

你们还有什么问题？

国防科普云课堂

海洋哥，以前我觉得"精确制导"知识比航天知识还难懂。现在，你们经常用人和动物来打比方，这样就容易明白了。

为什么讲"精确制导武器"要用人的器官来打比方呢？难道它们之间有共通的地方？

问得好！不过回答这个问题需要些时间。你们不是急着下课，去喝奶茶吗？

不急，不急，这个更重要。

那我专门给你们开个"小灶"，喜欢的话点赞哈。

这不仅是打比方，还是科学技术发展规律的一个真实写照。精确制导技术是科学技术的一个分支。科学技术为什么会发生？怎样发展？发展的前景又会怎样？

这三连问，我得好好想想。

纵观人类科技发展史可以发现，科学技术之所以产生，是因为人类需要"利用外物拓展自身能力"。

海洋哥，这个我明白，古代的人为了获得食物，不断改进生产工具，从磨石制器到制造弓箭。

我们所讲的精确制导武器就极大拓展了作战人员的战斗能力。

我想起一个例子。海湾战争中"战斧"导弹对 1300 千米以外的目标进行精确打击，命中精度在 9 米以内，这个难度远远超过了古代的"百步穿杨"。

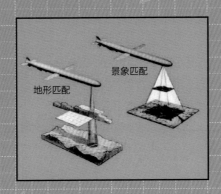

地形匹配

景象匹配

梓睿记得这么清楚呀！的确，精确制导武器的这种功能使人类作战能力拓展到了新高度。

这就是科学技术"辅人律"。

科学技术的发展进步又体现出什么规律呢?

人类通过科学技术来模拟、延伸或加强人体组织和器官某些功能。

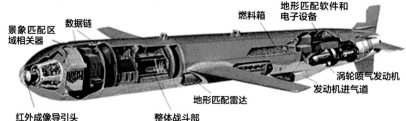

景象匹配区域相关器

数据链

燃料箱

地形匹配软件和电子设备

红外成像导引头

整体战斗部

地形匹配雷达

涡轮喷气发动机

发动机进气道

嗯,我想起了制导武器的"五脏六腑",还有它的"脑袋"导引头、"耳目"传感器。
从古代传说中的"千里眼"和"顺风耳",到现在科幻片里的"超人",人类不断追求自身的强大。

诗晴的想象力很丰富哦!

可以这么说,科技发展遵循"人的器官"能力的延伸,这就是科学技术"拟人律"。

预测科学技术发展前景，又遵循什么规律呢？

现代科技飞速发展，尤其是人工智能、生物技术等前沿科技发展迅猛，有人担心未来机器将取代人类、主宰人类。

是呀！阿尔法狗（AlphaGo）都打败人类世界围棋冠军了，就不用提那些科幻片里的场景了。

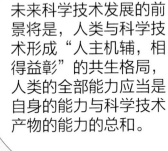

未来科学技术发展的前景将是，人类与科学技术形成"人主机辅，相得益彰"的共生格局，人类的全部能力应当是自身的能力与科学技术产物的能力的总和。

这就是科学技术"共生律"。

那精确制导武器技术的未来呢?

精确制导武器技术发展的理想境界是"聪明、灵巧、智商高"。

部队官兵作为精确制导武器的主人,在精确打击作战体系中占据主导地位。

大家好！这回咱们在国防科普云课堂见面。

火火哥好！对于"导引头""传感器""五脏六腑"我全明白了。

上回火火哥讲的专题"东风快递，使命必达"，给我留下的印象特别深。

我们的"东风"系列导弹，远/中/近射程全覆盖，全球"投送"超快，打击目标又狠又准，这是因为"东风"们身手敏捷，个个都有智商高的"脑袋"，耳聪目明。

"两弹一星"元勋，历史将永远记住他们

 于　敏
 王大珩
 王希季
 王淦昌
 邓稼先
 朱光亚

 孙家栋
 任新民
 吴自良
 陈芳允
 陈能宽
 杨嘉墀

 周光召
 钱三强
 钱学森
 钱　骥
 郭永怀
 赵九章

 姚桐斌
 屠守锷
 黄纬禄
 程开甲
 彭桓武

研制"东风"和"红旗""鹰击""霹雳"导弹的科学家都有大智慧。

包括钱学森在内的"三钱""两弹一星"元勋等科学家，他们以国家需要为己任，在极其困难的条件下，研制国之重器，为国家发展和人民幸福赢得了和平环境。

149

当今世界并不安宁，军事科技竞争正渗透到太空领域、网电空间领域。年轻人尤其是广大学生朋友，要向老一辈科学家学习，未来担当大任。在强盗面前，除了大声说"不"，还必须有比他们更厉害的拳头！

参 考 文 献

[1] 总装备部科技委，总装备部政治部.钱学森学术思想研究论文集 [M].北京：国防工业出版社，2011.

[2] 钟义信.机器知行学原理——人工智能统一理论 [M].北京：北京邮电大学出版社，2015.

[3] 刘大椿.科学技术哲学概论 [M].北京：中国人民大学出版社，2011.

[4] 胡晓峰.战争科学论——认识和理解战争的科学基础和思维方法 [M].北京：科学出版社，2018.

[5] 黄甫生.武器的悖论——武器装备伦理研究 [M].北京：中国社会科学出版社,2010.

[6] 刘兴堂，戴革林.精确制导武器与精确制导控制技术 [M].西安：西北工业大学出版社，2009.

[7] 付强，何峻，范红旗.导弹与制导——精确制导常识通关晋级 [M].长沙：国防科技大学出版社，2016.

[8] 付强，何峻.精确制导武器技术应用向导 [M].北京：国防工业出版社，2014.

[9] 田小川.国防科普概论 [M].北京：国防工业出版社，2021.